Marine Life
Explore the Unknown

神秘的 | 动物生存大揭秘
海洋世界

黄　鑫◎著　徐中岩◎绘

中国铁道出版社有限公司
CHINA RAILWAY PUBLISHING HOUSE CO., LTD.

图书在版编目（CIP）数据

动物生存大揭秘. 神秘的海洋世界 / 黄鑫，徐中岩
著绘. — 北京：中国铁道出版社有限公司，2021.8
　ISBN 978-7-113-27827-4

　Ⅰ. ①动… Ⅱ. ①黄… ②徐… Ⅲ. ①动物–儿童读
物 ②水生动物–海洋生物–儿童读物 Ⅳ. ①Q95-49
②Q958.885.3-49

　中国版本图书馆CIP数据核字（2021）第050190号

书　　　名：动物生存大揭秘：神秘的海洋世界
　　　　　　DONGWU SHENGCUN DA JIEMI: SHENMI DE HAIYANG SHIJIE
作　　　者：黄　鑫　徐中岩

策　　　划：范　博　巨　凤　　　　　　编辑部电话：（010）83545974
责任编辑：巨　凤　董姗姗
封面设计：崔丽芳
责任校对：孙　玫
责任印制：赵星辰

出版发行：中国铁道出版社有限公司（100054，北京市西城区右安门西街8号）
印　　　刷：鸿博睿特（天津）印刷科技有限公司
版　　　次：2021 年 8 月第 1 版　2021 年 8 月第 1 次印刷
开　　　本：889 mm×1 194 mm　1/16　印张：5　字数：90 千
书　　　号：ISBN 978-7-113-27827-4
定　　　价：68.00 元

前　言

从小，我就对身边的事物充满好奇心，就像一个行走的十万个为什么，见到什么都想知道其中的奥秘。后来，家里人被我问烦了，就给我买了很多科普图书，可是有些书却稍显晦涩，看起来很吃力。于是，我心里偷偷想着要是有适合孩子看的科普图书该多好呀！

那什么样的科普内容才会被孩子们喜欢呢？经过我们制作团队多年来的制作经验和对市场的观察后发现，最容易吸引孩子注意力的是故事。如果我们把那些冷冰冰没有温度的知识点，放在一个又一个生动而又刺激的故事中，孩子们往往更容易记住。

基于这样的思考，我们的制作团队查找了大量的科普资料，抽丝剥茧般从海量的知识库里，寻找那些生动有趣的内容。最后，经过我们一遍又一遍地筛选和修改，才有了现在这一套恐龙、海洋、昆虫的动物百科故事书。

本书最大的特点就是利用一个个妙趣横生的故事，还原了那些生物在自然环境下本该有的样子。它们为什么长成这样而不是别的样子？它们为什么会有这样的行为？这些知识都埋藏在我们的故事当中，只要你看过肯定能找到想要的答案！除此之外，书中图片里的动物，都是用 3D 软件制作的高精度模型，看上去和真的一样。如果你仔细观察，甚至可以看到这些生物身上的毛发细节呢！

最后，让我们回到百科故事本身。看过迪士尼动画电影《海底总动员》的小朋友肯定都知道小丑鱼尼莫，它每次遇到危险的时候都会躲进海葵之中，可是海葵的触角是有剧毒的，为什么小丑鱼没有被毒死呢？你想知道答案吗？快来跟我们一起在故事中探索吧！

对了！我们所有的故事和知识点都有音频哦，扫码就可以免费收听！

扫码听故事

目　录

lán jīng

蓝 鲸

蓝鲸妈妈凯瑟琳

　　蓝鲸凯瑟琳在南极的海域里悠闲地游弋着，这里的环境让她很满意，凯瑟琳时不时就会从头顶喷起一个10米高的喷泉，对那些被吓跑的海洋动物们暗暗发笑。在南极有数不清的磷虾，这对于快要当妈妈的凯瑟琳来说，简直就是天堂。

　　没过多久，凯瑟琳就生下了2吨多重，7米多长的宝宝。凯瑟琳为了防止宝宝在海水中窒息，轻轻地将他托出水面，帮助他完成了第一次呼吸，之后宝宝就可以自己呼吸了。宝宝出生后的前8个月只吃母乳，之后才开始吃各种浮游生物。蓝鲸妈妈的奶水是喷射到宝宝嘴里的，这是海洋哺乳动物独有的哺育方式。宝宝每天要吃掉1吨的奶水，凯瑟琳为了让孩子吃饱，每天要想尽办法吃掉更多的磷虾，以满足宝宝的奶水需求。

终于有一天，最让凯瑟琳担心的事情发生了，一群黑虎鲸发现了他们。凯瑟琳面对黑虎鲸，就像是一头孤独的奶牛遇到了狼群，何况，现在她还带着一个刚出生的宝宝。现在无论如何也逃不出黑虎鲸的包围。绝望之际，凯瑟琳发现了一艘船。如果是平时，凯瑟琳绝对唯恐避之不及，但是今天，为了宝宝，凯瑟琳只能赌一把，去向人类求救了。

　　黑虎鲸也发现了人类的船，他们犹豫着不敢靠近。凯瑟琳赌赢了，船上的人显然发现了她和蓝鲸宝宝，船员加快了行进速度，阻断了黑虎鲸的去路。凯瑟琳和她的宝宝得救了，此后的几天里，凯瑟琳都跟在军舰的附近，她用叫声和拍击海浪的方式向人类表示感谢。

蓝鲸

蓝鲸是海洋哺乳动物，其身长可达 33 米，体重近 200 吨。这相当于 25 只非洲象的重量，或者 2000 ～ 3000 个成年人的重量总和。蓝鲸被认为是地球生命史上体积最大的动物。

蓝鲸 lán jīng	

身　　　长：22~33 米	
体　　　重：150~181 吨	
寿　　　命：50~100 岁	
最快速度：约 50 千米 / 时	
食　　　物：浮游生物、小鱼、水母等	
生活区域：呈世界性分布，南极海域数量较多	

◀ **生活习性**

蓝鲸一般独自生活，偶尔也会有两三只一起活动的。三只在一起的蓝鲸，大多为三口之家。

最大的嘴巴吃最小的食物

蓝鲸的嘴巴很大，但是食道直径只有 10 厘米，连大一点的苹果都咽不下去。因此它们以浮游生物为食，例如磷虾。

背鳍

尾鳍宽阔、扁平，可以灵活摆动

◀ **像胡子一样的腹褶有什么用？**

蓝鲸的嘴巴下方有 60~90 个像凹槽一样的褶皱，它们从蓝鲸的嘴部一直延伸到腹部。这些褶皱可以帮助蓝鲸在觅食的时候将嘴巴张得更大，吃到更多的猎物。

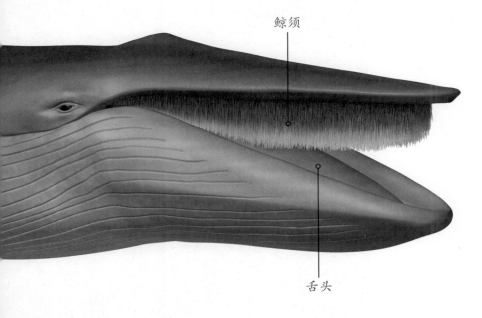

鲸须

舌头

头顶上有 2 个喷气孔

胸部和腹部布满褶皱

胸鳍

蓝鲸的心脏大小和小汽车差不多，是已知的生物中最大的

没有牙齿的嘴巴

蓝鲸的嘴巴很大，却没有牙齿，只有黑色的鲸须。鲸须的作用是从海水中过滤食物。

◀ 蓝鲸的舌头有多大？

蓝鲸的舌头上可以站满 50 个成年人。

蓝鲸的肺活量有多大？

答案是 1 500 万毫升，相当于一个普通人的 3 940 倍。

蓝鲸的叫声有多大？

蓝鲸的叫声能超过 180 分贝，这比火车的鸣笛声还大很多，而且在水中传播距离很远，这样它们就能和遥远的伙伴"千里传音"了。

保护蓝鲸

18 世纪，人类为了获得鲸油开始疯狂猎杀鲸鱼，给鲸鱼带来了灭顶之灾。仅 20 世纪，人类就至少捕杀了 280 万头鲸鱼！石油的发现，使鲸鱼逃过灭绝的命运。现在，蓝鲸已被世界各国列为濒危物种加以保护。

▶ 壮观的水柱

蓝鲸呼吸时会喷出一道壮观的水柱，最高可达12 米。

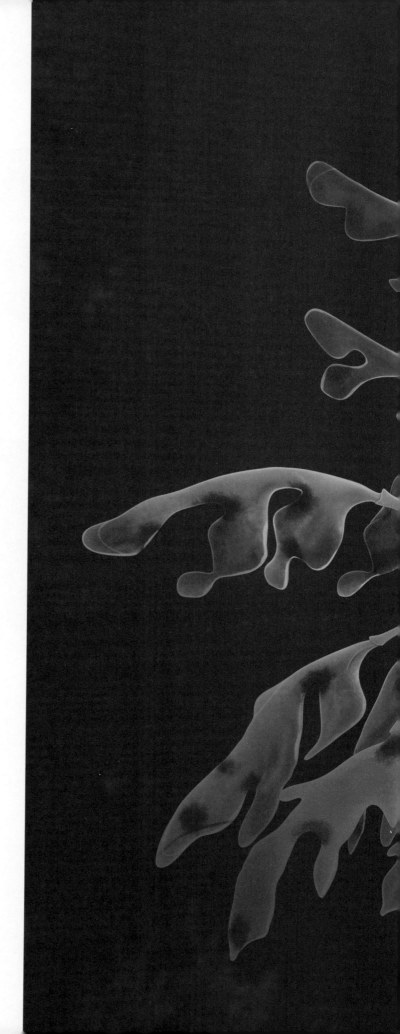

yè hǎi lóng

叶 海 龙

叶海龙爸爸

8月，在澳大利亚温暖的海洋里，年轻的雄性叶海龙卡罗正怀着激动的心情，等待一个重要的时刻，他要当爸爸了。

神圣的一刻终于来临了，卡罗美丽的妻子慢慢靠近他，然后小心翼翼地将卵产在卡罗的身上，这是叶海龙独特的繁殖方式。卡罗的尾巴上长出很多毛细血管形成的卵托，妻子把卵产在卵托上以后，卵托就会变得坚硬起来。现在，200多枚卵全都挂在卡罗的尾巴上了，有生以来，卡罗第一次觉得自己的尾巴如此重要。

从现在起，这些卵就是卡罗最珍贵的宝贝，他会时刻保护好他们，直到孵化出可爱的小叶海龙。

孵化期间，卡罗每天都躲在海藻丛中，遇到顺着海流漂来的糠虾，他也只能悄悄地调整身姿，在糠虾飘到眼前的时候，小心翼翼地用吸管一样的嘴巴将他们吸进肚子里。卡罗在进食的时候，动作细微谨慎，生怕被天敌们发现。

就这样卡罗艰难地度过了两个月的时间，他小心呵护的卵终于孵化了。虽然卡罗的孩子们身长只有两厘米，不过，只需要给他们不到一年的时间，这些小叶海龙就能长到20厘米那么长。

叶海龙

自古以来，无数艺术家用自己的方式讲述龙的故事，画龙的形象。然而，大家都知道，龙在现实中并不存在。可是你知道吗？有一种奇妙的海洋动物，它长得很像传说中的龙，它就是叶海龙。

外形特征

叶海龙的身体主要由骨质板组成，延伸出的附肢酷似海藻的叶瓣，这些附肢并不能为它们提供前进的动力，只能用于伪装。

伪装大师

叶海龙的形状和颜色能与周围环境完美融合，还会模仿海草随波漂浮，这种不可思议的拟态本领，让叶海龙成了自然界的顶级伪装大师。

叶海龙 yè hǎi lóng	
身　长：30 厘米左右	
寿　命：7~10 年	
习　性：主要栖息在隐蔽性较好的礁石和海藻生长密集的浅海水域	
食　性：小型甲壳类、浮游生物	
分　布：澳大利亚西南海域	

附肢

背鳍

▲草海龙

　　除了叶海龙，还有一种叫草海龙，它的全身都被叶子一般的附肢所覆盖，静立不动时和周围的海草没什么区别。这让它们可以伪装成海草的样子。在澳大利亚它们被称为澳洲海马，又名藻龙。它们与海马、叶海龙是近亲关系。

▶海马

　　海马是一种小型的海洋动物，它们的身长只有5~30厘米。因头部与身体的弯曲程度可接近90度而得名。在希腊神话中，海马是海神波塞冬的坐骑。

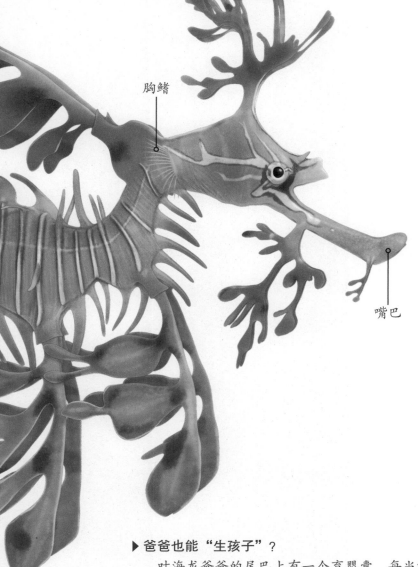

胸鳍

嘴巴

生活习性

　　幼年的叶海龙生存能力较差，一般只在浅水中活动。成年后的叶海龙更喜欢生活在较深的水域中。

嘴巴像吸管?

　　叶海龙的嘴巴确实像吸管，又细又长没有牙齿，它们靠吮吸的方式把浮游生物、糠虾及海虱等微小的海洋生物吸进肚子里。

▶爸爸也能"生孩子"?

　　叶海龙爸爸的尾巴上有一个育婴囊，每当繁殖季节来临，叶海龙妈妈就会把卵产在叶海龙爸爸的育婴囊中，由叶海龙爸爸把宝宝们孵化出来。

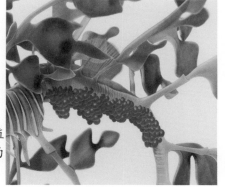

dà bái shā

大白鲨

海洋霸主

大白鲨奥尼尔在南极海域游弋了很久，终于找到了他捕猎的理想目标——海豹。海豹是大白鲨最喜欢的猎物之一，因为他们肉质肥嫩，脂肪也很丰富。可是，海豹非常聪明，奥尼尔想要捕获他们并不容易。

海豹群正在一块不大不小的冰层上休息，在距离他们较远的地方奥尼尔跃出海面，观察他们的动态。这时候，一只经验不足的海豹下水捕鱼了，这是一个千载难逢的好机会，奥尼尔随即潜入海洋深处。他把巨大的身体隐藏在黑暗的海水中，悄无声息地向海豹的下方游去。

此时，年轻的海豹还在水中追逐小鱼，他完全不知道一个身长6米，重达2000多公斤的巨大死神就在自己的下方。

终于，奥尼尔觉得时机成熟了，他从海豹的下方突然加速，直直地冲向海豹柔软的腹部。年轻的海豹这才发现危险，他惊慌失措地扭动身体，想利用灵活的柔韧性摆脱奥尼尔的攻击。他几乎成功了，但还是慢了一点点，他的一只前肢被奥尼尔锋利的牙齿咬断了，鲜血崩流。浓重的血腥味，让奥尼尔变得更加兴奋。

失去了一只前肢的海豹再也无法灵活游动，加上失血过多，它只能坐以待毙。没过多久，奥尼尔再一次从下至上冲刺而来，这一次他直接把海豹顶飞到海面上的半空中，然后张开血盆大口，迎接这只被地球引力重新拉回海面的可怜海豹。

真是久违的美味，奥尼尔心满意足地品尝着海豹的滋味，他落回水面时激起的巨大浪花和身体拍击海面的声音，让冰层上的海豹们感到胆战心惊，再也不敢入水捕食。不过，奥尼尔并不担心，因为他知道过不了多久，就会有耐不住饥饿的海豹再次下水，给自己送来新的机会。

大白鲨

大白鲨又称噬人鲨、食人鲛，它们是海洋中的顶级掠食者，在各大洋中都能看到大白鲨的身影。大白鲨最早出现于中新世，距今约 2330 万年～ 530 万年，它们是噬人鲨属唯一现存的成员。

大白鲨 dà bái shā	
身　长：	约 6.5 米
体　重：	约 3.2 吨
寿　命：	约 70 年
最快速度：	约 69 千米 / 时
食　性：	鱼类、海龟、海鸟、海狮等
分　布：	大洋热带及温带区

一直被误解的大白鲨

电影《大白鲨》的热播让人们误认为大白鲨是最爱袭击人类的一种鲨鱼，但实际上多数袭击人类的事件都是牛鲨干的。大白鲨与牛鲨长得很像，所以它一直在替牛鲨背黑锅。

"好奇心害死猫"

大白鲨好奇心很强，发现感兴趣的东西，就会咬上一口，或者干脆吞进肚子，所以有些大白鲨的胃里就像杂货铺，什么稀奇古怪的东西都有。有时大白鲨也会因此而丧命。

带刺的皮肤

大白鲨的皮肤极具杀伤力，全身长满了小小的倒刺，猎物哪怕只是被它蹭了一下也会鲜血淋漓。

尾鳍：提供前进的动力

第二背鳍

臀鳍

腹鳍

▼大白鲨也有天敌？

大白鲨的天敌是虎鲸。虎鲸的智商很高，而且善于团队合作。如果大白鲨遇到虎鲸的围捕，那它基本就没了活路。

虎鲸

灵敏的嗅觉

大白鲨的嗅觉神经器官占到了脑容量的 14%，即使是 1 千米外被稀释成 1/500 浓度的血液气味，它们也能够闻到。

大白鲨的大嘴有多恐怖?

在大白鲨的血盆大口中，上颚排列着 26 枚尖牙利齿，牙齿背面还有倒钩，猎物一旦被咬住就很难挣脱了。

不停生长的牙齿

大白鲨的牙齿一生都在不停地更换，永远有新牙可用，真让人类羡慕。大白鲨一生要换掉上万颗牙齿。

第一背鳍：保持身体平衡，使身体保持直立，不侧翻。

大白鲨的皮肤上长满了盾鳞

鼻孔

吻部

嘴巴

胸鳍：控制方向

▼ 大白鲨自带雷达

大白鲨的口鼻周围布满了密密的"毛孔"，这些毛孔被称为"罗伦磁壶"，可以感受到猎物在水中产生的微弱电场变化，帮助大白鲨锁定猎物。这个系统的工作原理很像雷达。

◀ 大白鲨为什么要翻白眼?

大白鲨眼睛上方有一层隔膜，当眼球向内翻时，就会呈现翻白眼的状态，捕猎时为了防止猎物弄伤自己的眼球，大白鲨会频频"翻白眼"。

yān huī shāo

烟灰蛸

深海里的"小飞象"

烟灰蛸是一种非常特殊的章鱼，因为他身体两侧长有一对和"耳朵"一样的肉鳍，再加上一双萌萌的大眼睛，所以人们给他起了一个非常可爱的绰号——小飞象章鱼。的确，烟灰蛸在幽深的海水中游动起来的模样，很容易让人们联想到迪士尼动画中小飞象扇动耳朵飞行的样子。

小飞象章鱼在热带、温带和寒带大陆架都有分布，但是却生活在400米到5000米的深海区域，所以人类对他们的了解一直都很少。

一只生活在海底4800米深的小飞象章鱼安迪，此时正在海底寻找食物。他柔软而娇嫩的身体游动缓慢，深海里可以捕捉到的食物也不是很多，所以饿肚子对安迪来说可谓常态。安迪耐心地在岩石周围寻找，他希望能找到几只多毛蠕虫，或者是甲壳不是特别坚硬的贝类。然而令安迪感到失望的是，这附近什么都没有，他只好继续耐心地寻找。

功夫不负有心人，安迪终于发现了几只小小的海虾。这些小小的节肢动物虽然填不饱肚子，但是用来充饥也是不错的。安迪在海中踏着小飞象特有的舞步，不断靠近小海虾，然后他利用8条小短腿之间的薄膜形成的"网"，将小海虾捉住了。最后，安迪用柔软的须毛把小小的海虾送入嘴里，满意地嚼着，就像人类吃了几颗瓜子一样。

虽然吃不饱，但是安迪感觉增加了一点力气，他继续向另一块海底岩石进发，也许在那里能有更好的运气。

烟灰蛸

烟灰蛸是一种特殊的章鱼，直到 2009 年才被人类发现。它们头上有一对鳍，长得就像大象的耳朵，所以被称为"小飞象"章鱼。

烟灰蛸 yān huī shāo	
身 长：20~30 厘米	
分 布：温带、热带和寒带海域的大陆架	

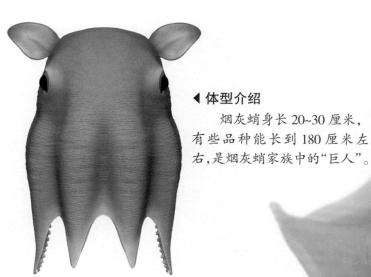

品种发现

目前发现的烟灰蛸只有 14 种，人类对它们知之甚少。烟灰蛸经常外皮摊开静静地趴在海底，不知道它们在做什么。

◀ 体型介绍

烟灰蛸身长 20~30 厘米，有些品种能长到 180 厘米左右，是烟灰蛸家族中的"巨人"。

▲ 如何捕食猎物？

烟灰蛸在捕食猎物时，会张开腕，腕之间有薄膜，形成一张大网，抓住猎物后再通过须毛的摆动送入口中。

▼ 烟灰蛸是如何行动的？

短距离行进时，它们会利用腕部移动。如果是远距离移动的话，烟灰蛸会扇动着它们的大"耳朵"提供动力。这时候它们会将腕尽量伸直，把身体的阻力降到最小。烟灰蛸的"耳朵"每秒可扇动 4 ～ 30 下，足以让烟灰蛸快速游动了。

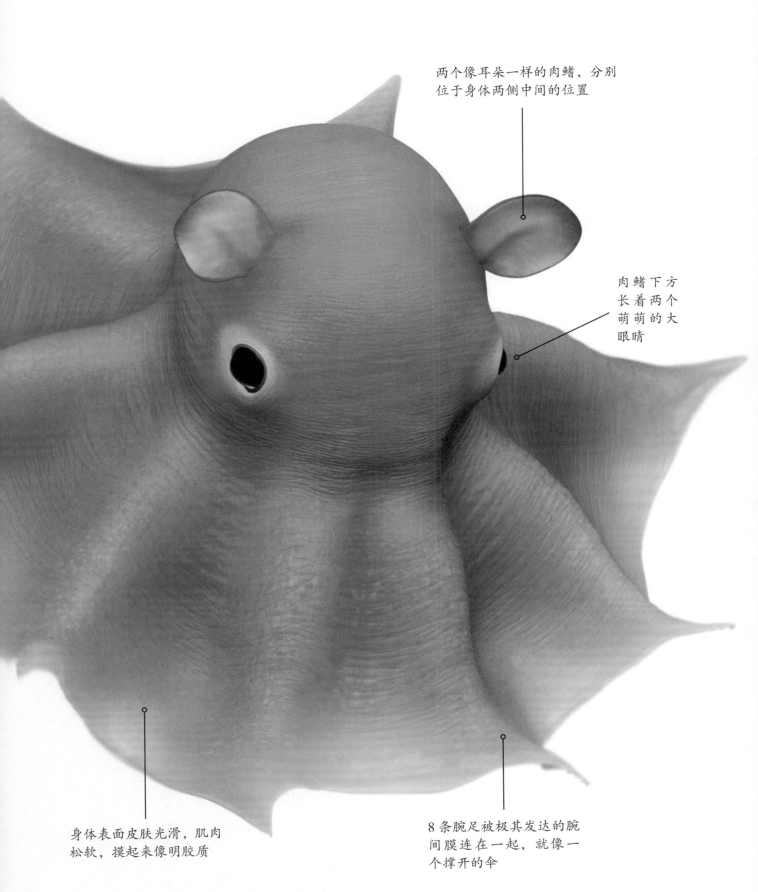

两个像耳朵一样的肉鳍，分别位于身体两侧中间的位置

肉鳍下方长着两个萌萌的大眼睛

身体表面皮肤光滑，肌肉松软，摸起来像明胶质

8条腕足被极其发达的腕间膜连在一起，就像一个撑开的伞

hǔ   jīng
虎鲸

王中之王

　　虎鲸威廉和他的 6 个伙伴结队来到了南极海域。他们此行主要是为了寻找海豹群。当然，如果能遇到体型更大的海狮群他们也愿意笑纳。这些肥美的猎物吸引着各路超级猎手们，虎鲸家族当然不会例外。

　　虎鲸威廉正值壮年，他的身长超过 9 米，体重接近 10 吨，高高的背鳍有 1.5 米长。威廉是这个虎鲸家族的领导者，因为他最强壮也最聪明。作为海洋中的哺乳动物和顶级猎食者，虎鲸几乎没有对手。

　　威廉最不屑的就是大白鲨的霸主称号，在虎鲸面前，大白鲨也不过是一种猎物。威廉的确有这个骄傲的资本。大白鲨和虎鲸的差距不仅体现在体型和智力两个方面，还因为虎鲸更善于协同作战。当然，即使大白鲨和虎鲸一对一较量，大白鲨的胜算也不大。

　　此时，威廉正率领同伴们寻找潜入水下捕食的海豹。然而海豹没有找到，却见到了一只大白鲨。怪不得这附近的海豹们全都消失得无影无踪，原来是被这个家伙吓跑了。

　　既然如此，威廉他们只能将这个罪魁祸首当成猎物了。威廉一个摆尾开始下潜，目标是大白鲨下面更深的海域。威廉的行动就是对同伴的口令，6 个伙伴默契地向大白鲨的两侧包抄过去。他们配合默契，无论面对的是鱼群还是一只呆傻的大白鲨，虎鲸家族一律按部就班轻松面对。

　　第一头虎鲸行动了，她是一只雌性虎鲸，鳍肢和背鳍都比雄性小，看起来虽不是那么威风八面，但这并不代表她的攻击性可以让大白鲨轻松应对。事实上，当大白鲨发现自己被虎鲸群盯上的时候，早就吓得魂飞魄散了。虎鲸的狼群战术，让大白鲨在劫难逃。

大白鲨艰难地与虎鲸周旋，但还是无法躲避虎鲸的一次次冲撞，很快大白鲨就被撞得七荤八素、晕头转向了。眼看时机成熟，威廉毫不犹豫地向大白鲨发起最后的致命一击。只见他从下向上不断加速，紧紧锁定大白鲨的腹部，这一次撞击超过了其他所有虎鲸的冲击力，还把大白鲨撞了个肚皮朝天，致使大白鲨陷入昏迷，只能任由虎鲸宰割。

一群海豹在岸边目睹了大白鲨被肢解的全过程，一个个被吓得魂不附体。刚刚还在捕猎海豹的超级杀手大白鲨，转眼就成了虎鲸家族的一顿大餐。这么富有戏剧性的战斗，在自然界并不少见。

虎鲸

虎鲸又称杀人鲸和逆戟鲸，虎鲸是海洋里的顶级捕猎者，也是地球上最聪明的哺乳动物之一。他们群居，具备极强的社会性。虎鲸的食谱里有包括大白鲨在内的大多数鲨鱼。

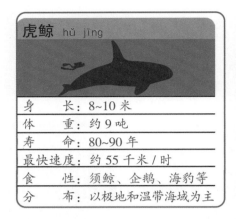

虎鲸　hǔ jīng	
身　　　长：8~10 米	
体　　　重：约 9 吨	
寿　　　命：80~90 年	
最快速度：约 55 千米 / 时	
食　　　性：须鲸、企鹅、海豹等	
分　　　布：以极地和温带海域为主	

◀ **群居生活**

虎鲸族群大小不同，小则 2~3 只，多则 50 多只。它们会一起旅行、捕食和休息。虎鲸的家族首领总是由最年长的雌性来担任。

身体以黑白两种颜色为主

尾鳍

鲨鱼克星

科学家曾经在大白鲨聚居的海域播放虎鲸的叫声，大白鲨们就像受惊的野马似的疯狂逃窜。三个小时，这片海域再也没有出现过一条鲨鱼。

◀ **捕猎鲨鱼**

虎鲸围攻鲨鱼使用的是群狼战术，一头头虎鲸摆尾提速，从侧面和斜下方猛撞鲨鱼。鲨鱼受到冲撞后，会陷入昏厥状态，任由虎鲸宰割。

▶ 虎鲸会喷水柱?

虎鲸的鼻孔上有一个开关自如的活瓣，当浮到水面上时，就会打开活瓣呼吸，同时还会喷出一片泡沫状的气雾。当遇到海面上的冷空气时，气雾会变成一根水柱。

◀ 背鳍

虎鲸最明显的特征就是背部长达 1.5 米的背鳍，就像倒插在背上的古代战戟，逆戟鲸的名字由此而来。虎鲸的背脊可以起到保持平衡的作用，还可以帮助虎鲸在剧烈运动时散热。

1.5m

背鳍的后面有一个马鞍形的灰白色斑纹

鼻孔

胸鳍

两眼的后面各有一块梭形的白斑

虎鲸之都

南极也被称为虎鲸之都，在这里有着许多不同"派别"的虎鲸。它们有的喜欢吃企鹅，有的喜欢吃鱼，各自拥有不同的口味和捕猎技巧。

"话痨"虎鲸

科学家发现，虎鲸在狩猎时发出的声音，其中大部分并不是在商量战术，而是技术娴熟的老手在挖苦讽刺没有经验的新手。这样喋喋不休，可真是话痨。

hòu

鲎

神奇的鲎

在一个 5 月的黄昏，中国东海海岸的沙滩上，成群结队的鲎聚集在一起。他们在寻找自己的伴侣，为即将到来的产卵繁殖做准备。

团团是一只年轻的雄性鲎，为了找到满意的伴侣，他整天都在岸边游荡。可是，在他发现的每条雌鲎身边，都已经有两三只雄鲎围着，团团实在挤不进去。岸边有那么多的鲎在聚集，团团怎么就找不到自己的另一半呢？

可怜的团团继续在海滩上寻找着，忽然他发现一只美丽的雌性鲎，随着海浪来到了沙滩上，团团马上迎了上去，他们很快就成了一对密不可分的情侣。

这时候，一个在海滩上捡贝壳的小男孩发现了团团和他的新娘，小男孩赶紧跑过来抓起他们。可小男孩发现两只鲎紧紧地抱在一起，他越用力甩，两只鲎就抱得越紧。终于，小男孩失去了耐心，把他俩扔回了大海。

鲎是一种比恐龙还要古老的生物，他们是海洋中名副其实的"活化石"。亿万年来，鲎始终延续着不变的生活方式。它们在浅海中寻找贝类，在沙滩上产卵繁殖，虽然每次只产卵二三百粒，能活下来的也寥寥无几，但是鲎执着而顽强地按照自己的生命轨迹繁衍生息，不断地复制着自己的遗传密码，终于成为地球生命中最古老的家族之一。

鲎

鲎又称东方鲎或马蹄蟹，它是一个古老的物种。虽然长相如蟹类，也具有关节状的附肢，但是鲎跟螃蟹却没有血缘关系。

鲎 hòu	
身　长	40~70 厘米
习　性	喜潜砂穴居，只露出剑尾
寿　命	约 20 年
食　性	蠕虫、薄壳的软体动物
分　布	亚洲沿海和北美沿海

古老的原始物种

鲎是一种原始的节肢动物，祖先可以追溯到四亿多年前的泥盆纪，比恐龙出现的还要早。至今鲎仍然维持着原始的样貌，它们是海洋中名副其实的"活化石"。

神奇的蓝色血液

鲎的血液中富含铜离子，因此它们的血液是蓝色的。鲎的血液是一种神奇的试剂，它可以准确、快速地检测出人体内组织是否被细菌感染。

长刺状的剑尾

口：四周有尖刺用来磨碎食物

鲎为什么能保持亿万年前的样貌？

原因就在于鲎的身体具有很强的适应性，它的鳃叶和肝有一套特殊的结构，这使得鲎能够很好地适应外界变化，因此鲎才能成为自然界中生存亿万年的活化石。

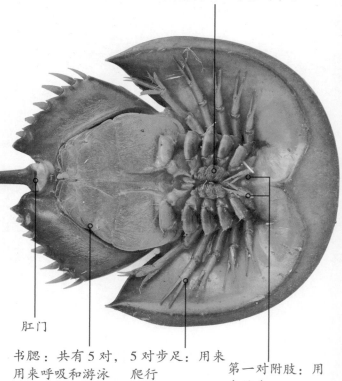

肛门

书鳃：共有 5 对，用来呼吸和游泳

5 对步足：用来爬行

第一对附肢：用来捕食

忠贞不渝的爱情

　　鲎都是成双成对的一起活动。雄鱼总是趴在雌鱼的背上，而雌鱼也总是背着雄鱼四处活动。渔人们捕捉鲎的时候总能捉到一对，这就是最好的证明。

不负责的"父母"

　　鲎虽然忠于爱情，但是对它们的爱情结晶却不怎么上心。每年的繁殖季节，雄性鲎在沙滩上挖一些浅坑，雌性鲎把卵产在坑里就不管了，所以鲎的卵成活率非常低。

三角形的腹部

形似马蹄状的头胸甲

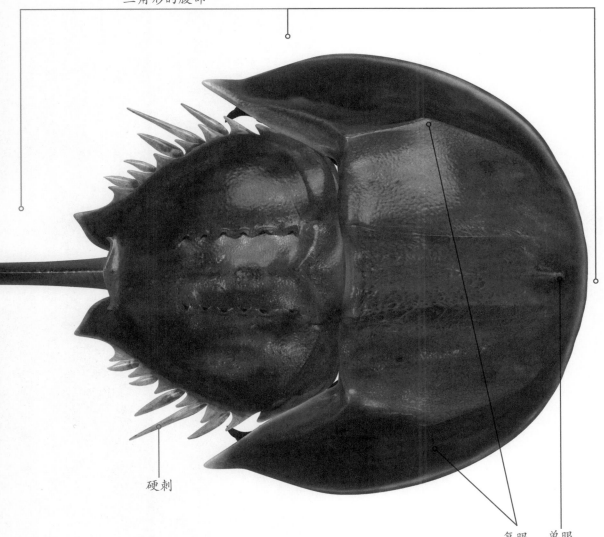

硬刺

复眼　单眼

四眼怪兽

　　鲎头胸部前段有两只对紫外光格外敏感的小眼睛，可以感知亮度。在鲎头胸部的两侧还有两只复眼，可以使物体显示得更加清晰。这个特点被科学家应用在了电视和雷达显示系统中。

cì tún
刺鲀

大海里的"小刺猬"

　　小刺鲀安德鲁在温暖的大海里悠闲地游荡。虽然海洋中有许多凶猛的捕食者，但通常他们不会去招惹安德鲁，因为刺鲀家族的秘密武器很厉害，一般的捕猎者根本就占不到任何便宜。

　　此时，安德鲁正在海底的岩石中寻找食物，一双呆萌的大眼睛和上下两颗大板牙看起来是那么滑稽可笑。可是看到他的小鱼小虾并不这么认为，他们离安德鲁远远的，谁都不愿意搭理这个浑身是刺的家伙。

　　今天安德鲁的运气实在太差了，不仅没有找到食物，还被一只个头不大的小鲨鱼盯上了。这是个稚嫩的猎手，他显然觉得动作迟缓僵硬的安德鲁是个好下手的猎物。于是他悄悄尾随安德鲁，并轻松地咬住了安德鲁的尾巴。正当他要吞咽时，安德鲁吓得立刻使出看家本领。只见他迅速高频次地吞咽海水，身体很快就增大两倍，变成了一个圆球，而那些原本贴在身体表面上的尖刺也一下全都竖了起来！

　　小鲨鱼并没有料到小刺鲀安德鲁会突然变身，张开的大嘴出于惯性还是一口就咬在浑身挂满尖刺的安德鲁身上。小鲨鱼的嘴里顿时鲜血四溅，疼得他赶紧将安德鲁吐了出来，然后灰溜溜地游走了。

　　看到小鲨鱼离开了，安德鲁才慢慢吐出肚子里的海水，恢复到平时瘦长的模样。但愿再也不要遇到这只冒失的小鲨鱼了，真是吓死宝宝了！安德鲁赶紧游回到珊瑚丛中，还是这里感觉更安全。

刺鲀

小刺猬大家都见过，可爱但是浑身是刺。在海中也有一种和刺猬的防护本领一模一样的小鱼，叫作刺鲀。它们不但浑身长刺，还能瞬间变成一个刺球，让敌人没法下嘴。

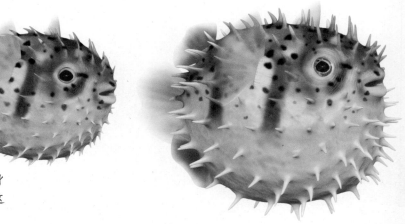

海里也有小"刺猬"？

刺鲀是海中的"刺猬"，它们全身的硬刺都是由鳞片演化而成的，平时这些硬刺都紧贴在身上。一旦遇到危险，就会全身膨胀，立刻把身体的硬刺竖起来，进入战斗状态。

生活区域

刺鲀生活在热带近海，它们生活在珊瑚礁附近。在中国台湾和南海海域等近海处的海域都有分布。现因过度捕捞已难寻踪影。

刺鲀的秘密

刺鲀身体构造特殊，在它们的肠子下方，有一个可以扩大的气囊。遇到天敌会吞咽空气或海水，使身体膨胀成球，硬刺也会竖起来，甚至快速浮出水面逃离敌害。危险过后，刺鲀就会把吞进去的海水和空气再吐出来，身体恢复原状。膨胀对刺鲀身体的损伤很大，若刺鲀过度膨胀或反复膨胀容易死亡。

河豚

刺鲀和河豚什么关系？

刺鲀和河豚是两种不同的海洋生物，它们是近亲关系。从外观上看，刺鲀身上的刺长而坚硬，而大部分河豚身上只有一层小刺。另外，有些河豚体内有剧毒，而刺鲀体内无毒。一只有毒的河豚，其体内的毒素就可以毒死 30 个成年人。

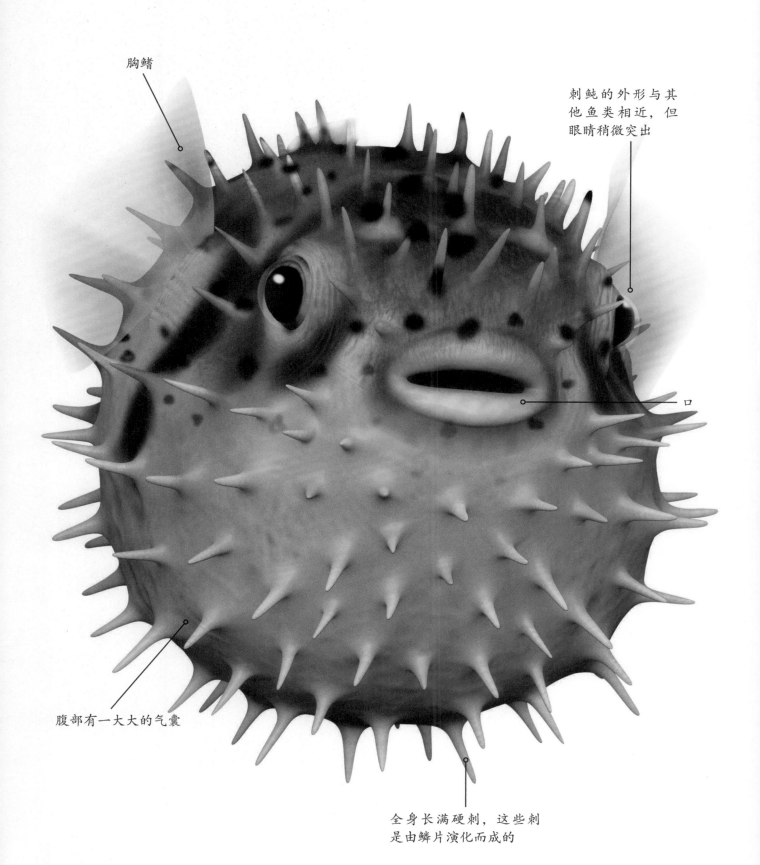

胸鳍

刺鲀的外形与其
他鱼类相近，但
眼睛稍微突出

口

腹部有一大大的气囊

全身长满硬刺，这些刺
是由鳞片演化而成的

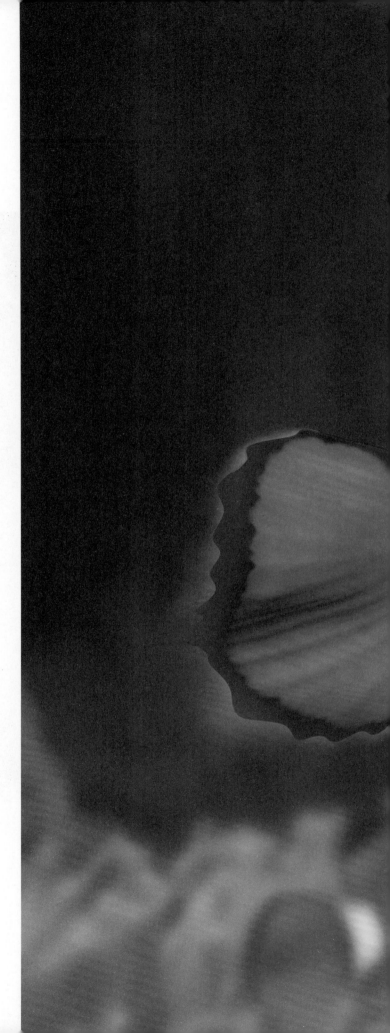

xiǎo chǒu yú

小丑鱼

海葵与小丑鱼

温暖的珊瑚礁海域被五颜六色的海洋生物装点得无比绚烂。柔软的海葵随着洋流轻轻舞动，仿佛在发出无声的召唤。如果你以为他们是某种植物那就大错特错了，海葵是一种肉食性的海洋无脊椎动物。他们不仅吃浮游生物，还能分泌毒液猎杀小鱼。然而，小丑鱼却不在海葵的菜谱上。

色彩鲜艳的雌性小丑鱼妮娜在海葵中钻来钻去，她的身体能分泌出一种保护皮肤的黏液，这对海葵的毒素有很好的免疫作用。妮娜不仅能够帮助海葵吸引猎物，还能帮他们清理坏死的组织和寄生虫，所以海葵非常欢迎妮娜住下来。而妮娜也很高兴有了自己的海葵家园。

在这个美丽的海葵家园，妮娜很快接纳了一只雄性小丑鱼做自己的丈夫，这个其乐融融的小家庭开始了幸福和谐的美好生活。

然而，生活总会有波澜。这天，一条叫作里昂的雄性小丑鱼经过妮娜的海葵家园，他觉得这里非常漂亮，也想在这里安家，于是便大摇大摆地朝着海葵家园游了过去。妮娜立刻发现了入侵者，她感到非常愤怒，毫不犹豫地冲上去驱逐这个不速之客。面对气势汹汹的妮娜，里昂也不甘示弱，他准备用武力霸占这个美丽的家园。

就在这个时候，妮娜的丈夫赶来支援，夫妻俩一起驱赶入侵者。一看这里有两只成年小丑鱼，里昂知道自己没有成功的机会了，于是迅速转身灰溜溜地逃走了，可是妮娜并未就此收手，反而继续追赶里昂，直到这个家伙彻底消失在自己的视线里，妮娜才返回家园。哼，想霸占我的家，门都没有！

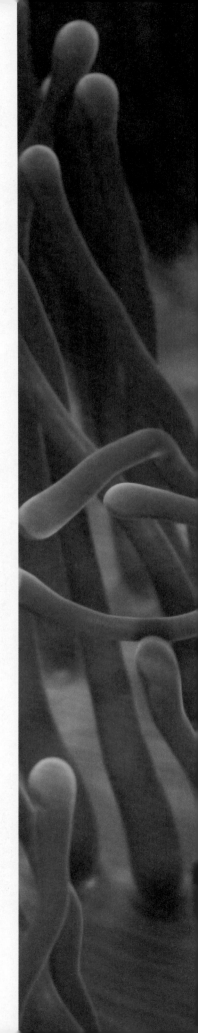

小丑鱼

小丑鱼其实一点都不丑，而且还很漂亮。因为它们脸上的条纹像杂戏团里的小丑，所以才被称为小丑鱼。

小丑鱼 xiǎo chǒu yú	
身 长：	10~12 厘米
习 性：	领地意识强、好斗
食 性：	浮游生物、藻类
分 布：	印度洋和太平洋水域中较为温暖的珊瑚礁和岩礁区域

小丑鱼不怕海葵的原因

小丑鱼不怕海葵毒素的关键是皮肤上有一层特殊的黏液，这层黏液能让海葵把小丑鱼当成同类，如果没有这层黏液，小丑鱼分分钟就会被海葵杀死。

臀鳍

尾鳍——

腹鳍

◀ 与海葵的共生关系

海葵是一种有毒的海洋生物，但是它的毒素对小丑鱼却不起作用，反而还能保护小丑鱼不受其他鱼类的攻击。小丑鱼在海葵中间来回穿梭为海葵吸引猎物，还要吃掉海葵身上坏死的组织和寄生虫，所以它们是一对互利互惠的好伙伴。

雌雄难辨

雄性小丑鱼可以转变成雌性，这样的动物非常罕见。每个小丑鱼家族中都有一只占据统治地位的雌性小丑鱼，一旦它死了，很快就会有一只雄性转变成雌性来代替它。

背鳍

小丑鱼脸上都有一条或两条白色条纹

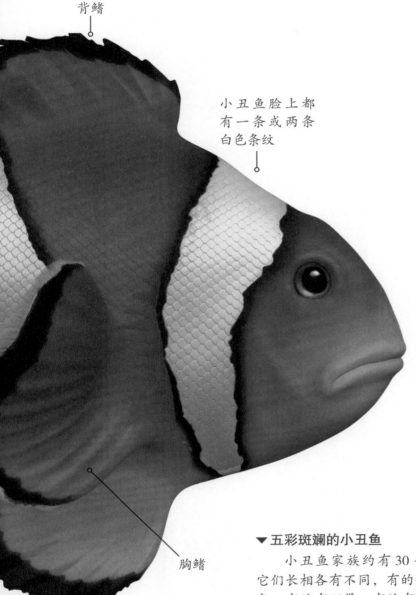

胸鳍

我的地盘我说了算

小丑鱼的领地意识非常强，通常在一个海葵中只有一对雌鱼和雄鱼，其他同类靠近都会遭到无情的驱逐。

生活习性

小丑鱼出生后会主动选择适合自己生长的海葵群，经过一段时间的磨合后小丑鱼才会正式与海葵共同生活。虽然是共存关系，但是小丑鱼却可以随时离开海葵继续生存。

▼五彩斑斓的小丑鱼

小丑鱼家族约有30个品种，它们长相各有不同，有的全身为红色，有的有环带，有的有竖带，无论哪一种小丑鱼看起来都很漂亮。

▼会变色的黑公子小丑鱼

黑公子小丑鱼是小丑鱼家族中相当特殊的一种。小时候它是橘红色的，但随着年龄增长，它们的体色会逐渐加深。

透红小丑鱼

印度洋银线小丑鱼

黑公子小丑鱼

fú   fèn

蝠鲼

生死时速

在太平洋海域，一片美丽的珊瑚礁中，无数只小鱼在布满阳光的海水中欢快地追逐嬉戏。忽然，鱼群被海水下方一片快速移动的"乌云"惊扰，他们慌乱地躲避。这时候，一个6米宽的庞然大物一跃而起，一张超级大嘴像渔网一样把一群鱼虾连同海水全部吞进了嘴里。海水过滤后，小鱼和小虾全都消失不见了。这个"乌云"一样的怪物就是蝠鲼安迪。

海洋里时时刻刻都充满了惊险，刚刚还在捕食小鱼小虾的安迪，下一秒就变成了大鲨鱼的猎物。蝠鲼的身体虽然宽大，但是这并不能阻止鲨鱼的追杀，安迪只能赶紧逃走，然而鲨鱼却紧追不舍，这样的大块头猎物鲨鱼最喜欢了。

安迪利用海水中的上升水流旋转加速，就在鲨鱼张开血盆大口的时候他跃出了水面！鲨鱼有些意外，这一口落空之后，他马上又扑向安迪落回水中的位置。于是安迪不断加速，跃起，落水，再跃起，而鲨鱼依然在安迪的身后追逐着。其实安迪并不是慌不择路地逃跑，他的目标是海边的沙滩，只有让自己搁浅在沙滩上，鲨鱼才会停止追击。

经过了无数次的腾空滑翔，安迪终于如愿以偿地趴在了沙滩上，鲨鱼则愤怒地在浅海处游弋着。最终，鲨鱼失去耐心离开浅滩，去寻找新的猎物了。见鲨鱼走远后，安迪才扭动着身体回到大海之中。

上亿年的生存适应，让蝠鲼具备了对付天敌鲨鱼的绝技。可是，这对人类来说却起不到丝毫作用。在蝠鲼看来，人类的捕杀才是他们生存最大的威胁。

蝠鲼

蝠鲼又称魔鬼鱼，是一种软骨鱼类。这种古老的鱼类早在侏罗纪时代就已经出现在海洋里了，是原始鱼类的代表。一亿多年间，它们的外形几乎没有发生什么变化。

蝠鲼 fú fèn	
体 宽：	4~7米
体 重：	约2吨
寿 命：	约20年
食 性：	浮游生物、小鱼
分 布：	热带和温带各海域

身体特征

蝠鲼的英文名叫"Manta"，源自西班牙语，意思是"毯子"。它的背鳍很小，宽大的三角形胸鳍和圆盘一样的身体构成了它们巨大而又扁片状的身躯，如同一张铺开的毯子。蝠鲼的头前有两个由胸鳍分化出的肉足，叫作头鳍。

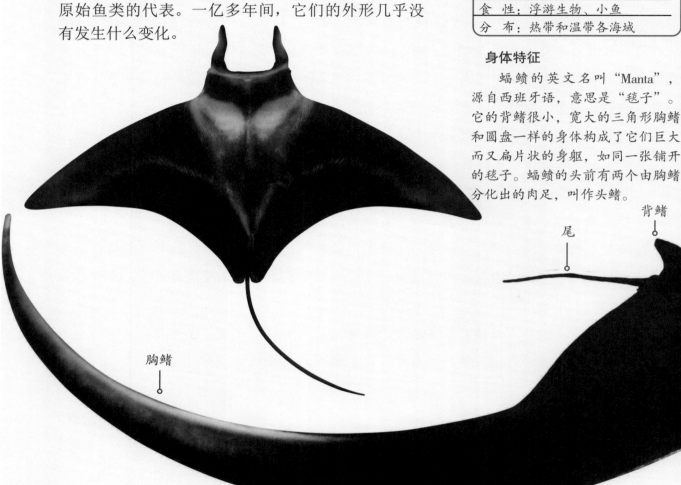

尾

背鳍

胸鳍

像鞭子一样的尾巴

蝠鲼的尾巴像一条鞭子，上面带有微弱电流但是并没有毒。而长相相似的魟（hóng）鱼尾巴上是带有剧毒的。

魟鱼

中文名的由来

蝠鲼在海中优雅飘逸的游姿很像蝙蝠，故此得名蝠鲼。

背部多为黑色或灰蓝色

胸鳍

眼睛

头鳍

▲飞跃绝技

蝠鲼的绝招是在海面跳跃。蝠鲼在跃出海面前会在海水中旋转着向上游动，接近海面时加速，最高能跳出海面四米，庞大身躯落入水面时会发出"砰"的一声巨响，场面非常壮观。

喜欢恶作剧

蝠鲼性格活泼，喜欢恶作剧。它们会用体翼敲打着船底，发出吓人的响声；还会把头鳍挂在锚链上拖着小船在海面上飞驰，让渔民以为这是魔鬼在作怪。

蝠鲼吃什么？

蝠鲼经常在珊瑚礁附近捕食小鱼和浮游生物。蝠鲼虽然长相吓人，但却是一种非常温和的动物。

◀不同寻常的"过滤器"

蝠鲼的嘴巴犹如一台精密的过滤器，在吞下海水和浮游生物的同时，能够有效地过滤掉海水，留下细小的浮游生物。

huā bān lián qí xián

花斑连鳍鲔

爱情保卫战

在大西洋，有一种美丽的物种叫花斑连鳍鲔。他们色彩鲜艳，而且是一种自然界中极少数能够制造蓝色色素的脊椎动物。

生活在西太平洋珊瑚礁中的花斑连鳍鲔汉斯，最近很得意，他终于找到了自己满意的新娘。他们选择了一片美丽的珊瑚礁，准备在那里生儿育女。新娘玛格丽特像汉斯一样颜色鲜艳，只不过她背上的第一根硬棘比汉斯要短很多。

汉斯和他的新娘实在是太般配了。但是上天似乎还想再考验一次他们的爱情。这不，珊瑚礁里忽然出现了一只漂亮的雄性花斑连鳍鲔，他噘着一张青蛙嘴向汉斯和玛格丽特这边游了过来，毫无疑问，他想抢走汉斯的新娘。

　　一看有入侵者踏入自己的地盘，汉斯非常愤怒，二话不说就冲了上去，在对手还没有反应过来的时候，汉斯就用自己的"青蛙嘴"发起了猛烈的攻击。这个想要抢走汉斯新娘的家伙被咬了一个措手不及，他努力地反抗了一阵，发现实在不是汉斯的对手，于是赶紧掉头钻进了珊瑚礁里。

　　汉斯气鼓鼓地瞪着一双"青蛙眼"盯着情敌藏身的角落，等他一露头就又一次冲了上去。如果连躲起来都没有用，那还是赶紧溜吧，入侵者心想。汉斯盯着对手离开了自己的领地，这才骄傲地回到了新娘的身边，哼！想抢走我的爱情，门也没有！

花斑连鳍鳉

花斑连鳍鳉 huā bān lián qí xián

身 长：	6~10 厘米
习 性：	游动缓慢、害羞、行为被动
食 性：	小型甲壳类、无脊椎动物
分 布：	西太平洋海域和印度洋

花斑连鳍鳉是一种身材小巧、色彩艳丽的鼠鳉科鱼类。它们广泛分布在太平洋和印度洋中，喜欢在沙质或泥质地的海域生活，有的品种生活在珊瑚礁以及周边的海草地带。

光鲜亮丽的花斑连鳍鳉

花斑连鳍鳉身体的颜色主要由蓝色、橘红色和绿色组成，看上去绚丽多彩，在自然界中非常少见。花斑连鳍鳉是一种罕见的能够制造蓝色色素的脊椎动物。

超强的领地意识

花斑连鳍鳉的领地意识很强，即使是同类闯入自己的领地内，它们也会马上进入战斗模式。战斗前，它们会先相互打量，展开鱼鳍比较体型，如果双方都没有退让的意思，就会相互撕咬。

背鳍

尾鳍

花斑连鳍鲔为什么叫五彩青蛙？

　　花斑连鳍鲔的眼睛大而且凸出，头部轮廓酷似青蛙，从远处看就像一只青蛙和鱼结合出的新物种，而且它身上的颜色非常丰富，所以又被人们叫作五彩青蛙。

背鳍

身体的颜色极为丰富，非常漂亮

眼睛较为突出

嘴巴向前微微凸起

淡蓝色半透明的扇形胸鳍，上面有许多蓝色的圆点

生活习性

　　花斑连鳍鲔行动迟缓，通常成群聚集在珊瑚礁上。因为体型较小又经常藏匿于礁石之间，一般情况很难发现它们。

滑溜溜的身体

　　花斑连鳍鲔与其他的鱼类不同，它的身上没有一片鱼鳞！取而代之的是一层厚厚的黏液保护层，有了这层黏液，花斑连鳍鲔就不再惧怕寄生虫了。

suō yóu

蓑鲉

蓑鲉的烦恼

　　一场超级恐怖的热带风暴过后，靠近加勒比海岸的岩礁地带，出现了一种个头不大，却十分凶猛的硬骨鱼，他们的名字叫蓑鲉。蓑鲉发怒的时候，会张开自己身上所有的鳍条，看上去就像威风凛凛的狮子，所以他们又叫狮子鱼。

　　菜恩是一条年轻力壮的雄性狮子鱼，他统治这片暗礁已经很久了。这里有很多小鱼，菜恩半小时就可以吃掉十多条。他对这里的生活非常满意，这都要感谢当初那场吓死鱼的热带风暴。然而菜恩并不知道，他们的到来给当地的生态平衡造成了多么大的威胁。

　　菜恩管不了那么多，他只想守住自己的领地。忽然，不知从哪来了一只雄性狮子鱼，正在跃跃欲试地进入菜恩的领地。菜恩已经记不清这是他遇到的第几名入侵者了。菜恩二话不说就勇敢地迎了上去！菜恩张开自己布满条纹的胸鳍和背鳍，这让他的身体看起来

一下子大了一倍不止。而入侵者也毫不示弱地张开胸鳍，两只狮子鱼怒目而视，不停地抖动着浑身羽条状的硬鳍。狮子鱼的鱼鳍可不只是用来威慑对手的，他们身上的硬棘都是有毒的，一旦对手被刺伤后果不堪设想。这就是为什么在这片海域没有其他生物敢轻易招惹他们的原因。

　　面对莱恩的坚决抵抗，入侵者很快就退却了，他迅速合拢自己的胸鳍灰溜溜地逃向了一片黑暗的水域。莱恩也收起了胸鳍，继续在自己的领地巡视。白天的时光已经过去，夜晚捕猎的时间才刚刚开始……

蓑鲉

蓑鲉又称狮子鱼，是一种硬骨鱼。蓑鲉的外形有点像中国古代时的雨衣——蓑衣，因此得名蓑鲉。蓑鲉华丽张扬的外形，又像中国古代流行的"舞狮子"，性格也非常凶猛，所以它们也叫"狮子鱼"。

蓑鲉 suō yóu

身 长：	25~40 厘米
习 性：	夜行性、性格孤僻
食 性：	甲壳动物、无脊椎动物、小鱼
分 布：	印度洋，西太平洋暖水海域

孤僻的性格

蓑鲉性格孤僻，喜欢独居。如果两只雄性蓑鲉在捕食时相遇，它们会将自己的毒棘指向对方。弱者就会折起自己的胸鳍灰溜溜地游走。

背鳍

蓑鲉是怎么捕食的？

蓑鲉在猎食时会张开所有的鳍条，与珊瑚背景融为一体，遮蔽住自己尾鳍的运动。它们会趁小鱼不注意的时候，一口将其吞掉。有时候，它们也会利用鳍条将猎物逼入死角，当猎物无法躲避的时候再把它吃掉。

生活习性

蓑鲉一般夜晚外出活动，日落时分是它们的最佳捕食时间。周围的动物都已经准备休息，蓑鲉更容易捉到猎物。

物种入侵

很多年前的一场热带风暴把它们带进了加勒比海。一只蓑鲉半小时内就能吃掉20条小鱼，严重危害了当地的生态环境。美国专家认为这是历史上最具破坏力的海洋生物入侵案例。

身体表面主要为黄色，并布满红色至棕色的条纹

不好惹的蓑鲉

　　蓑鲉的背部长有13根毒棘，鳍条的根部及口周围的皮瓣内有毒腺。每当它遇到危险或者捕食猎物的时候，就会张开身上所有的鳍条，让自己看上去很大，同时鳍条不停地抖动也能分散对手的注意力。一旦对手被毒棘刺伤就会中毒，所以在海洋中很少有动物敢去招惹它们。

收放自如的武器

　　蓑鲉背鳍上的毒棘平时都由一层薄膜包裹着。只有在遇到敌害时，薄膜才会脱落，然后用毒刺去攻击对方。这些毒棘可是很厉害的，人一旦被刺中，就会产生剧烈的疼痛感，严重者呼吸困难，甚至会晕厥。

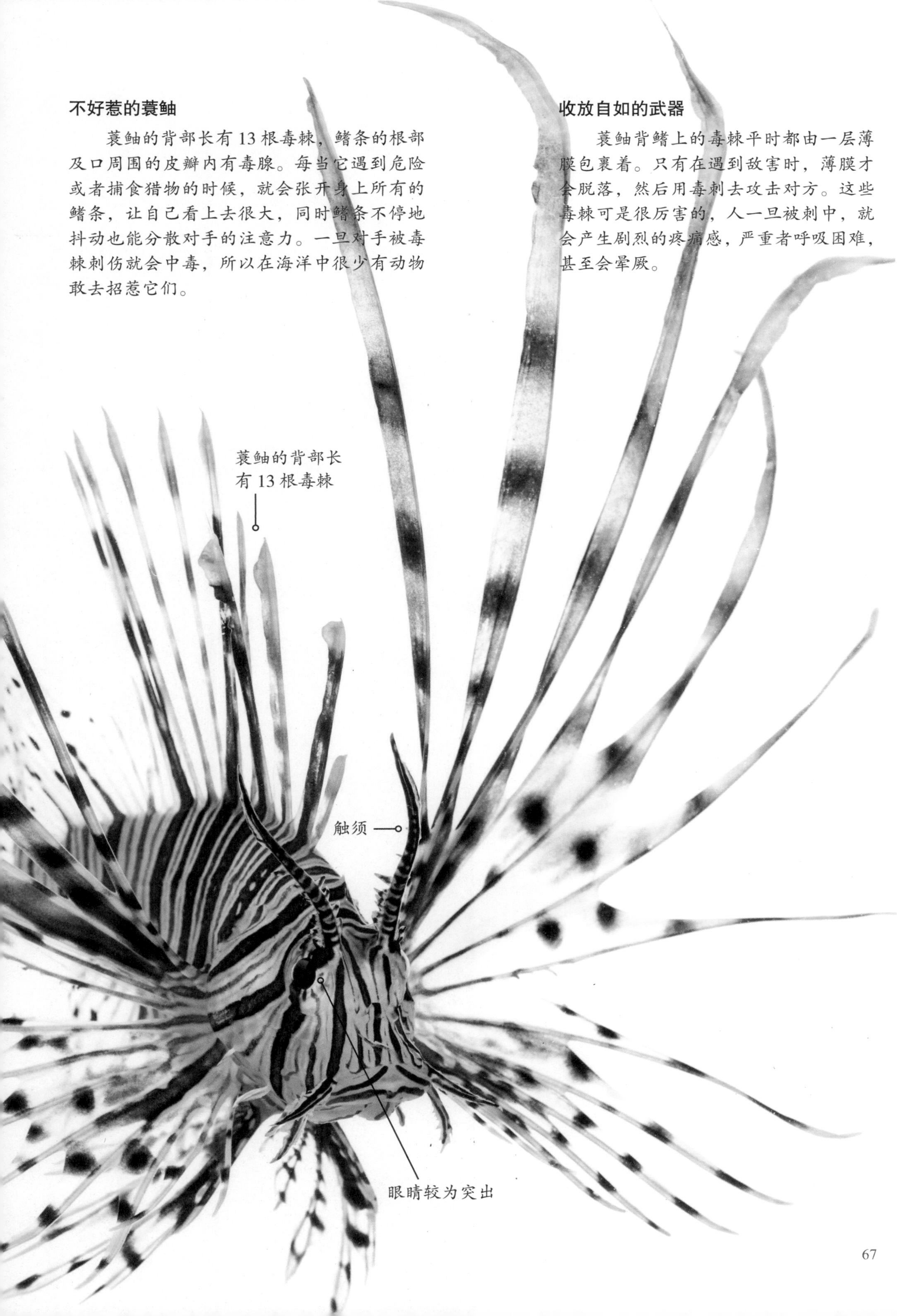

蓑鲉的背部长有13根毒棘

触须

眼睛较为突出

yīng wǔ luó

鹦鹉螺

千手观音鹦鹉螺

鹦鹉螺佩罗用自己特有的游水方式，摇摇摆摆地进入了一片新的海域，他要在这里开始一天的狩猎。

夜幕降临，佩罗挥舞几十根触手，开始侦察这片水域。佩罗的触手有很多，不过分工都很明确，有些负责捕食，有些负责警戒，还有些负责在礁石上固定自己的身体。虽然周围一片黑暗，但是佩罗已经发现了角落里的一些贝类和小虾小蟹。他们自作聪明地隐藏在礁石的缝隙里，以为佩罗不会发现。

只见佩罗淡定地调整着螺壳里的空气占比，将身体下降到礁石缝隙的深度，然后把触手伸进缝隙里，毫不费力就把小螃蟹掏了出来并吃了起来。可怜的小螃蟹拼命挥舞着没有什么威胁的螯（áo）肢，想要做最后的挣扎，却发现鹦鹉螺几十根柔软的触手看似无力却根本无法挣脱。佩罗享受完他在这片新猎食场的第一顿小点心后，满意地移动到下一块礁石。小螃蟹的味道是不错，但肉太少了，该换个蛏子来尝尝了。

鹦鹉螺作为曾经盘踞在地球生物链顶端的古老物种之一，其体型曾经非常大。随着地球生存环境的变化，鹦鹉螺的体型不断缩小，变成了现在萌萌的身材。虽然鹦鹉螺在海洋中的地位不如从前，但是他们却仍然顽强地生存着。而很多和鹦鹉螺同时期的生物，甚至是更晚出现的强悍物种，却早已经消失在了地球生命的历史长河中。

愿拥有上亿年历史的鹦鹉螺血脉能够延续，愿我们永远拥有活着的鹦鹉螺，而不仅仅是教科书上的化石照片。

鹦鹉螺

鹦鹉螺最早出现在距今 4.9 亿年前的奥陶纪，那个时候恐龙还没有出现。现在恐龙早已灭绝，而南太平洋的深海里还生存着六种鹦鹉螺。所以，人们把鹦鹉螺称作活化石。

鹦鹉螺 yīng wǔ luó

身　长：	约20厘米
体　重：	夜间活跃，白天在海底歇息
食　性：	小蟹、小虾
分　布：	西南太平洋热带海区

为什么叫鹦鹉螺？

鹦鹉螺整个螺旋形外壳光滑圆润，形似鹦鹉，因此得名"鹦鹉螺"。

复杂的身体构造

鹦鹉螺壳的内部像一个旋转楼梯，有一个个由小到大顺势旋转而隔开的独立小隔间，这些小隔间用一根气管连通着，最大的一间是鹦鹉螺的住所。剩余的壳室都充满空气，鹦鹉螺可以通过控制隔间内的空气排放来完成身体在水中的升降。

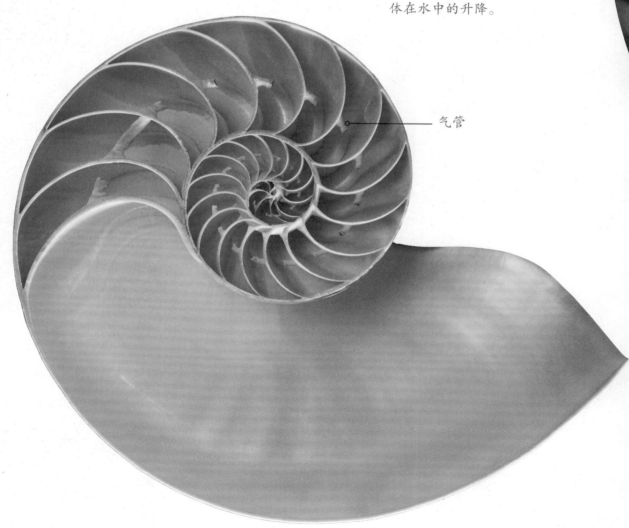

气管

生长纹从壳的
脐部辐射而
出，平滑细密，
多为红褐色

触手

外壳薄而轻，呈
螺旋形盘卷，多
为白色或乳白色

眼睛较为突出

漏斗

外观迥异的"一家人"

鹦鹉螺和乌贼、章鱼是近亲，可它们的外观截然不同。在漫长的自然演化过程中，章鱼的外壳彻底消失了，乌贼则把壳移到了体内，鱿鱼仅剩下一层薄薄的胶质膜，只有鹦鹉螺依旧保持着最初的样貌。

无所不能的触手

鹦鹉螺的触手有60~90根，触手上没有吸盘。这些触手是鹦鹉螺捕食和运动的工具。鹦鹉螺的触手分工明确，有的用于警戒，有的用于进食。身体缩到壳内的时候，两只肥厚的触手会盖住壳口。此外，它的触手还可以抵贴岩石，固定身形。

世界上第一艘潜水艇叫作"鹦鹉螺号"

1954年，美国根据鹦鹉螺的身体构造，模仿鹦鹉螺排水和吸水时上浮下沉的原理，制造出了第一艘潜水艇——"鹦鹉螺号"。"鹦鹉螺号"长90米，总重2 800吨，造价5 500万美元。

鹦鹉螺如何在海中移动

在鹦鹉螺的触手下方，有一个"漏斗"结构，通过肌肉收缩向外排水来推动鹦鹉螺向相反的方向移动。